Avril 1917

Silhouettes d'Avions

classées par analogie

Echelle : $\dfrac{1}{200}$

ÉLÉMENTS DE L'AÉROPLANE

1º Une paire d'ailes (*monoplan*) ou deux paires (*biplan*).

2º Des **gouvernails**, pour diriger de bas en haut, de gauche à droite, et inversement.

3º Un **fuselage** (rarement deux), ou des **poutres de réunion** qui relient les ailes aux gouvernails. Dans la nacelle prennent place le pilote et le passager.

4º Un train d'atterrissage, pour l'envol et le retour au sol.

5º Une hélice (ou plusieurs).

6º Un moteur (ou plusieurs).

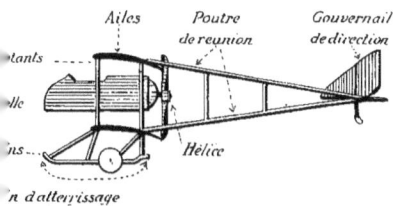

Fig. 1. (Maurice Farman, 1915)

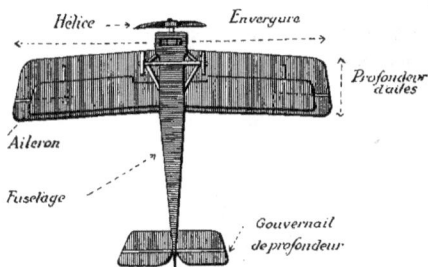

Fig. 2

1

FONCTIONNEMENT DE L'AÉROPLANE

L'aéroplane est soutenu en vol par la pression de l'air sous les ailes et la dépression au-dessus d'elles, grâce à l'hélice qui le fait avancer et qui est elle-même actionnée par le moteur.

Le pilote peut :

1° faire monter l'avion, en levant le gouvernail de profondeur *(fig. 3)* ; ou le faire descendre, par la manœuvre inverse ;

2° l'orienter vers la droite ou la gauche suivant que le gouvernail de direction est tourné à droite *(fig. 4)* ou à gauche ;

3° rétablir ou modifier l'équilibre latéral, en abaissant un des ailerons pendant que l'autre s'élève *(fig. 5)* ; dans les appareils sans ailerons, en gauchissant les ailes d'une manière analogue.

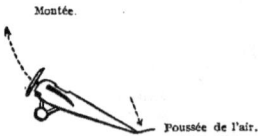

Montée.

Poussée de l'air.

Fig. 3.

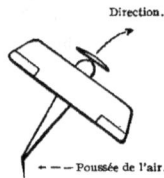

Direction.

← — Poussée de l'air.

Fig. 4.

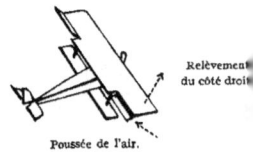

Relèvement du côté droit.

Poussée de l'air.

Fig. 5.

MOYENS DE RECONNAITRE LES AÉROPLANES

I. INSIGNES. — Avions militaires et maritimes des **alliés** : cocardes aux ailes et bandes tricolores aux gouvernails. Avions **allemands** : « croix de fer » noires sur fond blanc, ou avec bordure blanche, qui remplacent la croix de Malte, à peine différente.

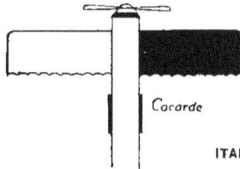

| FRANCE | ANGLETERRE | BELGIQUE | | ITALIE | ALLEMAGNE |

Il est difficile de distinguer de loin les insignes et la couleur des ailes.

II. SON. — Chaque moteur rend un son qui lui est propre.

Les rotatifs notamment produisent un ronflement continu.

L'expérience seule permet de distinguer ces différents sons.

Certains moteurs sont d'ailleurs presque silencieux.

CLASSEMENT DES AÉROPLANES

III. FORMES. — Les aéroplanes ont été classés de manière à faciliter les recherches dans ce carnet, *d'après l'analogie de leurs formes* en juxtaposant ceux pour lesquels les confusions sont les plus faciles.

1º BIPLANS *à fuselage* } Dans chacune de ces deux séries, on passe des appareils à un moteur aux appareils à deux moteurs,
2º BIPLANS *sans fuselage* } et des appareils avec ailes égales aux appareils avec *ailes inférieures de plus en plus réduites.*
3º MONOPLANS et TRIPLAN.

3

CARACTÈRES A OBSERVER

1° **Biplan ou monoplan.**

2° Existence ou absence d'un **fuselage.** — **Nombre de moteurs** et leur nature (fixe ou rotatif).

3° **Ailes :** Dans les biplans, proportion de l'*envergure inférieure* à l'envergure supérieure. — *Nombre de mâts.*
Forme des ailes : V transversal *(fig. 6)*, ou pas de V *(fig. 7)*; ailes superposées *(fig. 8)*, décalées en avant *(fig. 9)* ou en arrière *(fig. 10)*; plus ou moins écartées entre elles ou du fuselage.

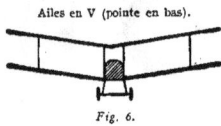

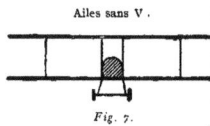

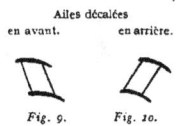

Ailes en V (pointe en bas).	Ailes sans V.	Ailes superposées.	Ailes décalées en avant. en arrière.

Fig. 6. Fig. 7. Fig. 8. Fig. 9. Fig. 10.

Plus ou moins allongées ; en flèche *(fig. 11)* ou non *(fig. 12 et 13)*, rectangulaires, trapézoïdales, etc. ; ailerons débordants *(fig. 12)* ou non *(fig. 13)*.

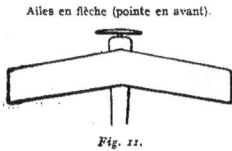

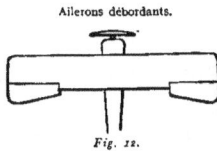

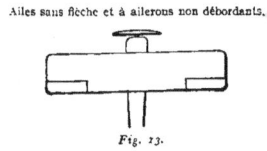

Ailes en flèche (pointe en avant). Ailerons débordants. Ailes sans flèche et à ailerons non débordants.

Fig. 11. Fig. 12. Fig. 13.

4° Nombre, disposition et forme des **gouvernails**, plans de dérive verticaux et plans stabilisateurs fixes horizontaux.

5° Forme du fuselage ou des poutres de réunion ; saillie de la nacelle ; proportion de la longueur de l'appareil à son envergure ; roues du train d'atterrissage ; position de l'hélice.

4

CARACTÈRES COMMUNS DES AVIONS ALLEMANDS

Tous les avions allemands sont biplans (du moins sur le front occidental) et ont un *fuselage*. Tout appareil sans fuselage peut donc être considéré comme allié, jusqu'à preuve contraire par la croix de Malte ou par un acte d'hostilité.

L'envergure des ailes inférieures est presque égale à celle des ailes supérieures, ou parfois égale (p. 9 et 11), *mais jamais beaucoup moindre. Leur profondeur est égale* (ou presque égale), sauf sur l'*Albatros* de chasse *D. III.*

Vus d'avant, les plans sont tous deux en V (parfois, tous deux sans V, et, seulement sur l'*Albatros D. III*, l'un en V et l'autre sans V); vus de côté, non décalés; vus de dessous ou de dessus, en flèche. Exceptionnellement, ceux des *Albatros* ne sont pas en flèche; ceux de certains biplans de chasse ne sont pas en V, ni en flèche et sont décalés en avant.

En général, *les gouvernes paraissent assez rapprochées des ailes*, car, sauf exceptions (p. 8 et 15), elles comprennent, en avant, de grands plans fixes, et la partie du fuselage située en arrière des ailes est courte.

Les gouvernails ne sont pas rectangulaires ; *leurs bords rejoignent en biais le fuselage* (sauf exceptions, p. 8, 13 et 15), au lieu de le couper à angle vif, comme sur tous les avions français et anglais.

Vu de côté, le gouvernail de direction et son plan fixe offrent l'aspect d'une spatule... ou une forme un peu plus élevée (p. 7, 11, 13 et 19).

Vu de dessous, le gouvernail de profondeur et son plan fixe ont un aspect triangulaire allongé : ou bien arrondi :

(Ne pas confondre avec le large triangle de certains avions français, p. 6 et 12).

Sur quelques avions de chasse (p. 9 et 15), ils sont trapézoïdaux comme ceux des *Morane* et des *Nieuport*; et sur d'autres (p. 7), ils ont un contour de pelle.

Les avions allemands ont des moteurs fixes, dont le son diffère de celui des nôtres ; sauf quelques avions de chasse, qui sont pourvus de moteurs rotatifs.

Ils portent des « *croix de fer* » peintes sur les ailes, le gouvernail et le fuselage.

Ces caractères ne sont pas tous particuliers seulement aux allemands. Sauf la croix de fer et la forme du gouvernail profondeur, un seul ne suffit donc pas, et il faut la réunion de plusieurs de ces caractères pour déterminer un ennemi.

En somme, les avions allemands « à tous usages » conservent leurs anciens caractères (en V, en flèche, etc.). Les biplans chasse, nouveaux, ressemblent davantage aux avions des alliés ; ils s'éloignent généralement peu du front.

S P A D   M'ONOPLACE
(Société pour l'Aviation et ses Dérivés)

BIPLAN à fuselage, à un moteur.

Ailes : sensiblement *égales ;* à *deux paires de mâts,* de chaque côté ; presque *rectangulaires.*

Gouvernail de direction : parallélogramme, précédé d'un *triangle* et situé en grande partie *en arrière* et au-dessus du gouvernail

de profondeur, qui, avec son plan fixe, présente l'as d'un *triangle large* et arrondi.

Deux roues.

Hélice à l'avant. — **Moteur** fixe Hispano-Suiza.

Confusions à éviter : *avec l'Albatros et les autres biplans allemands, surtout ceux de chasse.*

ALBATROS D.1

Monoplace de Chasse

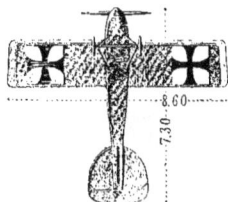

L'Albatros B. F. W.,
de 12 ᵐ 60 × 8 ᵐ 50,
est un agrandissement de
l'Albatros D. 1

Il a deux paires de mâts de chaque côté ;
un moteur Benz 225 HP ;
une mitrailleuse sur tourelle arrière
et une tirant à travers l'hélice.

8.60

7.30

BIPLANS à fuselage (arrondi et recouvert de contre-plaqué).

es : envergure inférieure *presque égale* à la supérieure ; *ni en V, ni en flèche ; décalées* en avant ; *une seule paire de mâts* de chaque côté ; un peu *trapézoidales ; ailerons débordants* en biais.

uvernail de direction, entièrement au-dessus du fuselage et *en avant du gouvernail de profondeur* (à l'inverse du *Spad*),

avec plan de dérive à arête très convexe ;
2° petit *plan fixe triangulaire sous le fuselage.* — Gouvernail de profondeur : *arrondi sans échancrure,* en forme de « pelle ». Deux roues.

Hélice à l'avant, avec casserole. — Moteur fixe Mercédès 170 HP. Deux *mitrailleuses* fixes, tirant en avant à travers l'hélice.

7

M O R A N E - S A U L N I E R

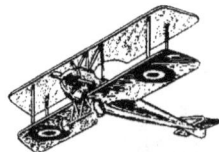

BIPLAN à fuselage (arrondi et s'amincissant horizontalement à la queue).

Ailes : *égales ; non décalées ;* avec *une seule paire de mâts* de chaque côté ; trapézoïdales.

Gouvernail de direction, avec plans fixes : d'aspect *triangulaire ;* le gouvernail de profondeur, qui est en forme de trapèze échancré, est situé de part et d'autre du gouvernail de di... tion.

Deux roues ; châssis d'atterrissage en M (initiale de Morane). **Hélice** à l'avant, avec casserole. — **Moteur** rotatif Rhône.

Confusions à éviter : *avec les Fokker et Halberstadt, qui en sont une imitation.*

FOKKER   HALBERSTADT

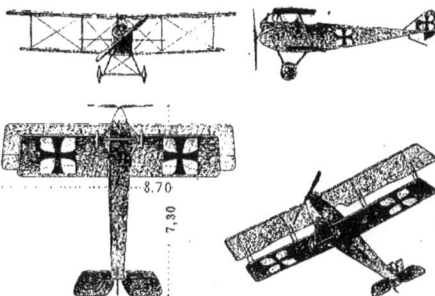

MONOPLACES de chasse, avec mitrailleuse tirant à travers l'hélice.

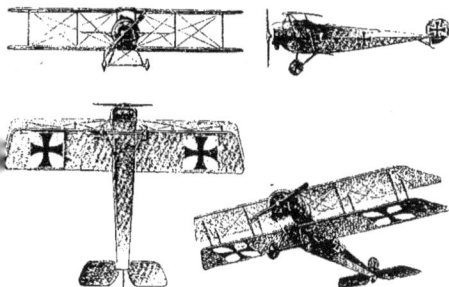

BIPLANS à fuselage (*s'amincissant horizontalement à la queue ;* hexagonal sur le Fokker).

Ailes : *égales ; sans V; décalées* en avant; deux paires de mâts de chaque côté; trapézoïdales.

Gouvernail de direction offrant l'aspect d'une *virgule* et situé en grande partie au-dessus du gouvernail de profondeur, qui est en forme de trapèze échancré.

Deux roues. — **Hélice** à l'avant. — **Moteur** rotatif Oberursel 100 HP, ou *fixe* Mercédès 170 HP.

Ailes : envergure inférieure *presque égale* à la supérieure ; *en V ; décalées* en avant ; deux paires de mâts de chaque côté ; non en flèche ; *ailerons débordants.*

Gouvernails : analogues au Morane, mais sans plans de dérive. — Gouvernail de direction : élevé, *pointu, ne mordant pas sous le fuselage.*

Deux roues. — **Hélice** à l'avant. — **Moteur** *fixe* Argus ou Mercédès.

9

SOPWITH

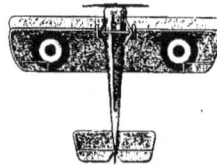

Monoplace de chasse
(Réduction du biplace).

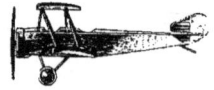

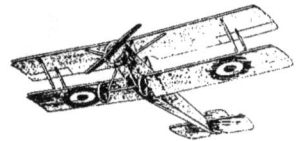

BIPLANS à fuselage.

Ailes : *égales*, *en V*, très *décalées* en avant, trapézoïdales *arrondies ;* une paire de mâts de chaque côté ; et *cabane divergente*.

Gouvernail de direction offrant, avec son plan de dérive, un aspect *ovale* et situé en grande partie au-dessus du gouvernail de profondeur, qui est *trapézoïdal arrondi*.

Deux roues. — **Hélice** à l'avant. — **Moteur** *rotatif* Clerget ou Rhône.

ROLAND BIPLACE

10ᵐ00

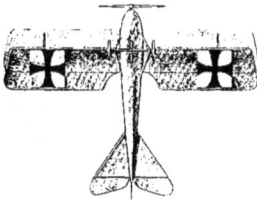

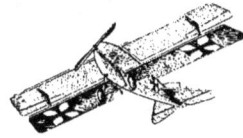

BIPLAN à fuselage (Biplace à tous usages).

les : *égales ;* un seul mât très large, de chaque côté ; *très décalées* en avant ; peu écartées, les supérieures *affleurant le dessus du fuselage (très haut,* percé de fenêtres, et arrondi). Ailerons (articulés en biais) non débordants.

Gouvernail de direction : à contour d'*oreille*, précédé d'un *plan fixe triangulaire.*
Gouvernail de profondeur, avec son plan fixe : à contour de cœur.
Deux roues. — **Hélice** à l'avant. — **Moteur** fixe Mercédès 175 HP. — Mitrailleuse et quatre lance-bombes.

11

S P A D Biplace

BIPLAN à fuselage.

Ailes : sensiblement *égales ; sans V ; décalées ; en flèche*, presque rectangulaires ; deux paires de mâts.

Gouvernail de direction : parallélogramme précédé d'un triangle et situé en grande partie *en arrière* et au-dessus du gouver-nail de profondeur, qui, avec son plan fixe, présente aspect de *large triangle*.

Deux roues. — **Hélice** à l'avant. — **Moteur** fixe Hispano Suiza.

A. E. G.
(Allgemeine Elektrizitats Gesellschaft)

13=00

7=15

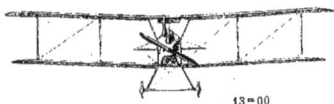

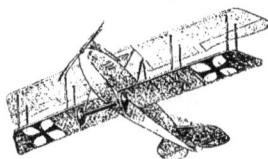

BIPLAN à fuselage (Biplace à tous usages).

Ailes : envergure inférieure presque égale à la supérieure (qui est presque double de la longueur) ; *en V, sauf la section fixe ;* non décalées ; en flèche et *trapézoïdales,* avec *ailerons échancrés rappelant la forme des anciens Taubes ;* deux paires de mâts de chaque côté, et *six divergents* à la cabane (analogie avec les Sopwith).

Gouvernail de direction : parallélogramme, avec *plan fixe triangulaire.* — Gouvernail de profondeur, avec son plan fixe : *polygonal arrondi.*

Deux roues. — **Hélice** à l'avant. — **Moteur** fixe Mercédès 175 HP. — Une *mitrailleuse* sur tourelle arrière, en forme de demi-cercle ; et une tirant à travers l'hélice. Lance-bombes.

13

Profil analogue
sur tous les types.

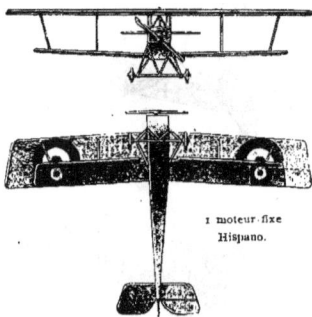

1 moteur fixe
Hispano.

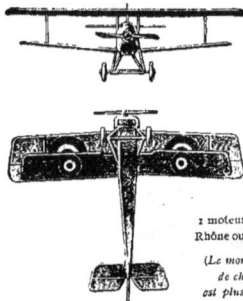

1 moteur rotatif
Rhône ou Clerget.

(*Le monoplace
de chasse
est plus petit*).

BIPLANS à fuselage.

Ailes : envergure inférieure presque égale à la supérieure ; *les supérieures sans V ; les inférieures peu profondes, en V ; décalées en avant; en flèche;* un peu trapézoïdales. — *Envergure* très peu (N. à rotatif) ou beaucoup (N.-Hispano) *plus grande que la longueur* de l'avion.

Gouvernail de direction offrant l'aspect d'une large *virgule* et situé en grande partie *au-dessus* du gouvernail de profondeur, qui est en forme de *trapèze* échancré. — En vol, la queue paraît relevée. — Deux roues.

Moteur *rotatif* Rhône ou Clerget, ou fixe Hispano-Suiza.

Confusions à éviter : Nouvel *Albatros de chasse D. III*, et *Ago*.

Les *ALLEMANDS* ci-après, sauf l'**Albatros D.III,** *ont :*
Ailes : *d'égale profondeur* superposées, toutes en V.
Gouvernails : spatule, avec cœur ou cercle échancré.
Envergure : 11 m. 75 à 13 m. 60 !
    deux paires de mâts par côté.
Longueur : beaucoup moindre que l'envergure.

} sauf
l'**Ago.**

Les *NIEUPORT* ont :
Ailes : inférieures peu profondes, *paraissant minces*, seules en V et *décalées*.
Gouvernails : virgule, avec trapèze.
Envergure faible ; une paire de mâts non inclinés ou inclinés vers l'extérieur (au N. H.-S., 2 paires, dont 1 inclinée); aspect trapu, vu de face.
Longueur : presque égale à l'envergure.

} Tous les Nieuport

} Type ci-dessus
à moteur rotatif

14

AGO (type 1916)
(Aktien Gesellschaft Otto)

ALBATROS D. III

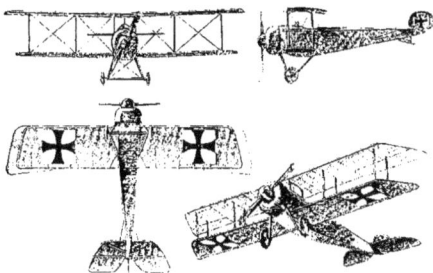

7 m 30

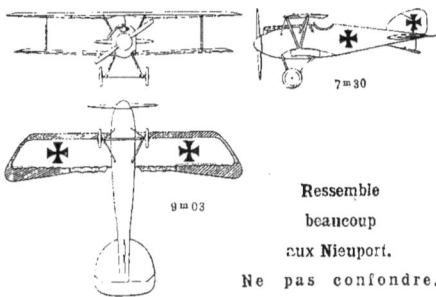

9 m 03

Ressemble

beaucoup

aux Nieuport.

Ne pas confondre.

BIPLANS à fuselage (Monoplaces de chasse).

Ailes : envergure inférieure presque égale à la supérieure ; ailes *toutes en V ; superposées et de même profondeur ; non en flèche,* trapézoïdales, avec ailerons débordant en biais ; deux paires de mâts *verticaux* de chaque côté. (Il existerait aussi des *Ago* à une seule paire de mâts).

Gouvernails et fuselage analogues à ceux des Nieuport, dont les *Ago* différeraient seulement par la profondeur des ailes inférieures, par l'absence de flèche, et par les mâts.

Moteur rotatif Oberursel (Gnôme), avec casserole.

Ailes : envergure inférieure presque égale à la supérieure ; *inférieures seules en V et moins profondes* (comme aux Nieuport) ; toutes *sans flèche, nettement trapézoïdales,* avec ailerons débordant en biais ; *une seule paire de mâts, en V* (comme aux Nieuport) ; cabane divergente.

Gouvernails, fuselage, moteur et *armement* identiques à ceux de l'Albatros D. 1 (p. 7), et différents de ceux des Nieuport.

15

AVIATIK
(Aviatik-u. Automobil-Gesellschaft)

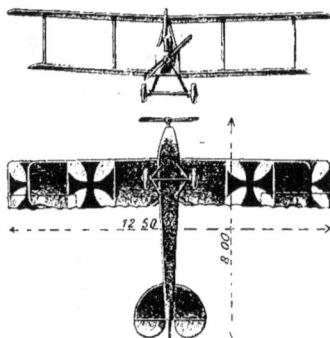

BIPLAN à fuselage. (Biplace à tous usages.)

Ailes : l'envergure *inférieure un peu moindre* que la supérieure ;
peu de *V ; en flèche*, rectangulaires ; deux paires de mâts de
chaque côté. *Envergure beaucoup plus grande que la longueur*
de l'avion.

Gouvernail de direction offrant l'aspect d'une *spatule* (virgule
précédée d'un triangle), et situé en grande partie au-dessus du
gouvernail de profondeur, qui est *arrondi, avec une échancrure.*

Hélice à l'avant. — **Moteur** *fixe* Mercédès, saillant, 175 HP

Deux mitrailleuses coulissant sur les côtés du fuselage et
tirant dans toutes les directions, sauf devant l'hélice, ou bien
l'une sur tourelle arrière et l'autre tirant à travers l'hélice.
Lance-bombes.

16

ALBATROS C. III

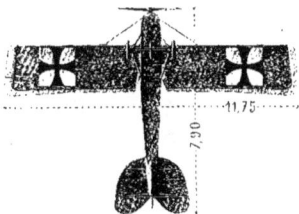

BIPLAN à fuselage (s'amincissant horizontalement, mais avec quille, et couvert de contreplaqué). Biplace à tous usages.

Ailes : envergure et profondeur inférieures presque égales aux supérieures ; deux paires de mâts ; très *en V ; non en flèche,* peu trapézoïdales ; *ailerons débordant* en biais.

Gouvernail de direction : demi-ovale et offrant, avec ses plans de dérive et le fuselage, le contour d'une spatule. — Gouver-nail de profondeur, avec son plan stabilisateur fixe : *arrondi,* avec échancrure ; assez rapproché des ailes.

Deux roues. — **Hélice** à l'avant. — **Moteur** fixe Mercédès 175 HP, saillant. — Une mitrailleuse sur tourelle arrière, et une tirant à travers l'hélice. Quatre lance-bombes.

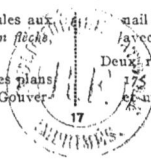

A. R. ou A. L. D.
(Type Corps d'Armée, à moteur Renault ou Lorraine-Diétrich

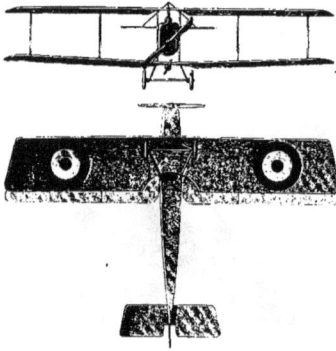

BIPLAN à fuselage. (Biplace à tous usages.)

Ailes : *égales ; les inférieures seules en V ; décalées en arrière ;* trapézoïdales ; deux paires de mâts de chaque côté.

Gouvernail de direction : d'aspect *carré*. — Gouvernail de profondeur : *trapézoïdal*.

Fuselage *surélevé* au-dessus des ailes inférieures.

Deux roues. — **Hélice** à l'avant. — **Moteur** fixe Renault ou Lorraine-Dietrich. — Une mitrailleuse tirant à travers le radiateur ; et une mitrailleuse sur tourelle arrière.

18

R U M P L E R

12 ᵐ 25

7 ᵐ 90

BIPLAN à fuselage. (Biplace à tous usages.)

Ailes : l'envergure supérieure ne dépasse l'inférieure que par la *différence d'obliquité* de leurs extrémités ; *toutes très en V ; en flèche, surtout au bord antérieur ;* trapézoïdales ; *ailerons débordant* en biais ; deux paires de mâts de chaque côté.

Gouvernail de direction : demi-ovale, *assez élevé*, avec plan fixe triangulaire. — Gouvernail de profondeur, avec son plan stabilisateur fixe : *triangulaire ;* assez rapproché des ailes. Deux roues. — **Hélice** à l'avant. — **Moteur** fixe Mercédès 175 HP. — Une mitrailleuse sur tourelle arrière, et une tirant à travers l'hélice. Parfois, lance-bombes

19

BRÉGUET AV.

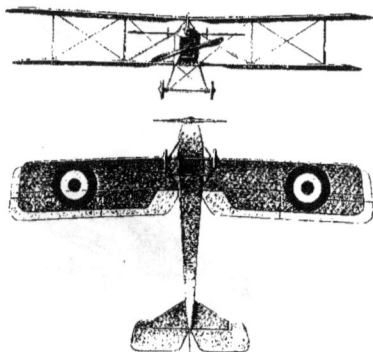

BIPLAN à fuselage

Ailes : les inférieures sensiblement *égales* aux supérieures ; *les supérieures seules en V ;* un peu décalées *en arrière ;* en flèche et presque rectangulaires ; deux paires de mâts de chaque côté.

Gouvernail de direction : *rectangulaire*, avec plan de dérive en *quart de cercle.* — Gouvernail de profondeur : *trapézoïdal*, avec *plan fixe triangulaire.*

Deux roues, avec châssis complexe — **Hélice** à l'avant. — **Moteur** fixe Renault. — Une mitrailleuse à l'avant sur le côté gauche du fuselage ; et une mitrailleuse en tourelle.

L. V. G.

(Luft - Verkehrs - Gesellschaft)

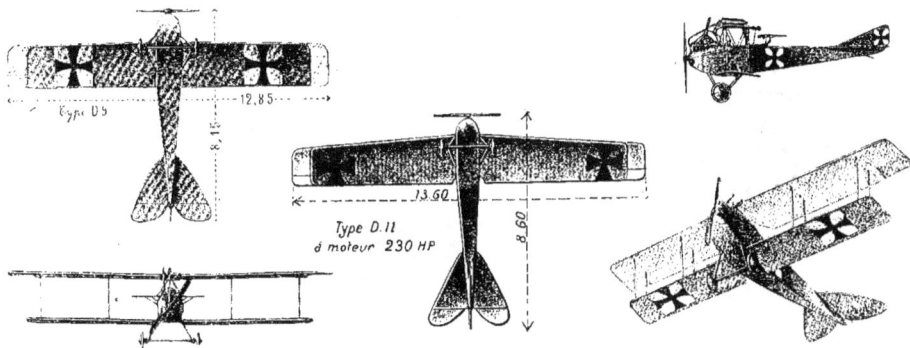

Type D. II
à moteur 230 HP

BIPLANS à fuselage (Biplaces à tous usages).

Ailes : envergure inférieure un peu moindre que la supérieure ; peu de V ; bord *antérieur en flèche* (surtout au type D. *11*), bord *postérieur droit ;* deux paires de mâts de chaque côté. Ailerons avec plissement.

Gouvernail de direction, demi-ovale et offrant, avec son plan fixe triangulaire, un aspect de *spatule.* (Sur le type D. *11*, il est compensé). — Gouvernail de profondeur, avec énorme plan fixe : à contour de *cœur ;* assez rapproché des ailes. Deux roues.

Hélice à l'avant. — **Moteur** fixe Mercédès ou Benz 175 HP (235 HP au D. *11*).

Une mitrailleuse sur tourelle arrière, et une tirant à travers l'hélice. En général, deux ou quatre lance-bombes.

MARTINSYDE

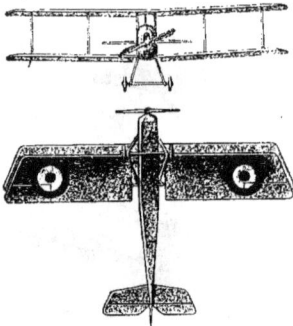

BIPLAN à fuselage.

Ailes : égales, *en V*, *décalées* en avant ; *trapézoïdales* avec grande base à l'arrière ; deux paires de mâts.
Gouvernail de direction : à contour d'oreille, avec plan fixe à arête arrondie. — Gouvernail de profondeur : presque trapézoïdal, avec bord antérieur *en flèche*. — **Moteur** fixe Beardmore. — (Voir De H.4, page 43).

BRISTOL

Caractères analogues, sauf la forme des gouvernails.

Une seule paire de mâts par côté.

Moteur rotatif Rhône, avec casserole.

Le Bristol F. 2 *a* biplace, a 2 paires de mâts, gouvernes de profondeur trapézoïdales arrondies, moteur fixe, pas de calotte.

22

ARMSTRONG - WITWORTH

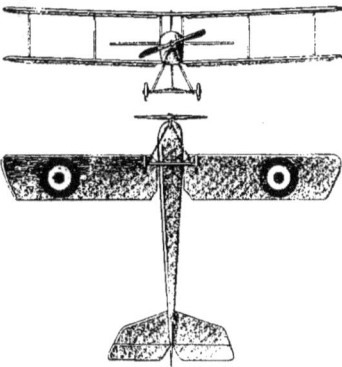

BIPLAN à fuselage.

iles : égales ; *en V ;* peu ou pas décalées ; trapézoïdales, avec *grande base à l'avant ;* deux paires de mâts.

ouvernail de direction : parallélogramme, avec plan fixe à *arête convexe.*

Gouvernail de profondeur : trapézoïdal, avec bord antérieur très *en flèche.*

Deux roues, et *roulette* à l'avant.

Hélice à l'avant. — **Moteur** fixe Beardmore.

23

Paul SCHMITT

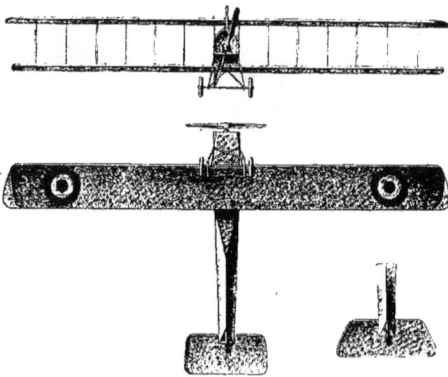

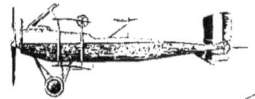

BIPLAN à fuselage (Type B. R. A. B., à ailes basses).

Sur le type nouveau B. R. A. H. (Bombardement Renault, Ailes hautes), les ailes inférieures sont fixées aux flancs du fuselage.

Ailes : sensiblement *égales ;* en forme de trapèzes arrondis et *inverses ; nombreux mâts.*

Gouvernails de direction : un *parallélogramme au-dessus* et un triangle *au-dessous du gouvernail de profondeur, en form de rectangle ou de trapèze non échancrés.* -- T. A. complexe, deux roues. — **Moteur** fixe Renault, avec silencieux.

24

B.E. 2c. et 2d. – B.E. 12
(Originairement : Blériot Experimental)

Anglais

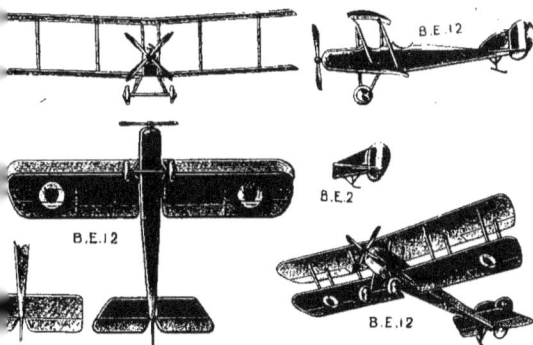

VICKERS SCOUT
(ou de reconnaissance)

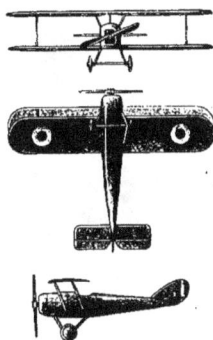

B.E.12

B.E.2

B.E.12

B.E.12

BIPLANS à fuselage.

les : *égales ; en V ; décalées en avant ; extrémités arrondies ;* deux paires de mâts.

ouvernail de direction : *ovale,* précédé d'un plan fixe triangulaire ou à arête convexe, et situé en grande partie au-dessus du gouvernail de profondeur, qui est large, trapézoïdal ou rectangulaire. — Deux roues.

élice à quatre pales. — **Moteur** fixe R. A. F. (Royal Aircraft Factory).

... non en V ; *extrémités rondes ;* ailes trapues; une paire de mâts.

... demi-ovale ; avec son plan fixe, aspect de spatule.

Gouvernail de profondeur : rectangulaire.

Moteur rotatif Clerget.

I. A un moteur (suite).
b) *A envergures très inégales.*

B. E. 2. e. et R. E. 8

Angl

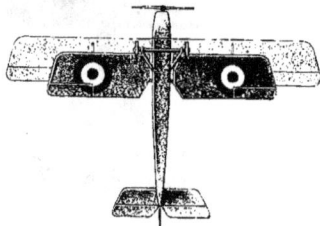

BIPLANS à fuselage (Même aspect, sauf les gouvernes de direction).

Ailes : *envergure inférieure* = 3/4 *de la supérieure ; en V ; décallées ;* à une paire de mâts de chaque côté, plus un pour la manœuvre des ailerons ; trapézoïdales.

Gouvernail de direction : *ovale*, avec plan de dérive *convexe* (au B. E. 2 e) ou *concave* (au R. E. 8). — Gouvernail d profondeur : trapézoïdal, large.

Deux roues. — **Hélice** à l'avant. — **Moteur** fixe R. A. I (Royal Aircraft Factory), ou, sur le B. E. 2 e, Hispano-Suiz

R. E. 7
(Reconnaissance Experimental)

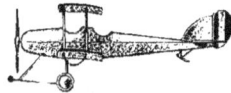

BIPLAN à fuselage.

Ailes : *envergure inférieure = 3/4 de la supérieure; en V;* deux paires de mâts et *arcs-boutants*, de chaque côté ; trapézoïdales arrondies.

Gouvernail de direction : *ovale*, avec plan fixe en *quart de cercle ;* en grande partie au-dessus du gouvernail de profondeur, qui, avec son plan fixe, forme un large rectangle.

Fuselage se terminant en pointe.

Deux roues, et une *roulette* à l'avant.

Hélice à l'avant. — **Moteur** fixe R. A. F. (Royal Aircraft Factory).

27

MORANE-SAULNIER bi-moteur

França

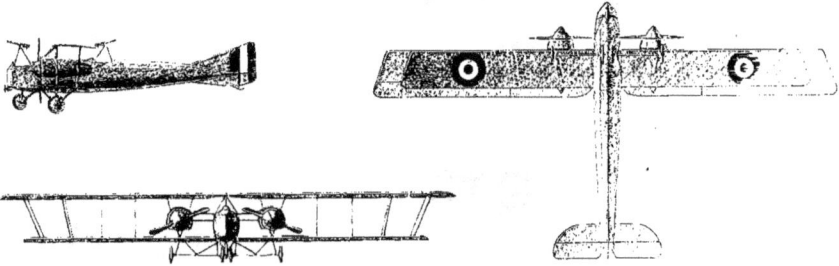

BIPLAN BI-MOTEUR à fuselage (arrondi). — Triplace.

Ailes : les inférieures d'envergure un peu moindre et de *profondeur beaucoup moindre* que les supérieures, qui paraissent donc décalées vers l'arrière ; trapézoïdales. — Quatre paires de mâts au-delà des moteurs, dont *deux inclinées.*

Gouvernail de direction, avec son plan fixe : presque *triangulaire.*
Gouvernail de profondeur, avec son plan fixe : *demi-elliptique.*
Envergure double de la longueur de l'avion.
Quatre roues, en ligne (dont deux rapprochées de l'axe), et une roue à l'avant).

Deux hélices à l'avant, avec casserole.

Deux moteurs rotatifs Rhône (ou deux fixes Hispano-Sui Mitrailleuses à l'avant et à l'arrière, sur tourelle.

Les Allemands possèdent des bi-moteurs : 1º A. E. G. (analogue l'A. E. G. à un moteur), et 2º Gotha, avec ailes paraiss entaillées rectangulairement aux angles extrêmes antérie (les ailerons étant compensés), gouvernail de direction (compe en équerre, et gouvernes de profondeur en demi-hexagone.

28

LETORD

BIPLAN BI-MOTEUR à fuselage (Triplace).

s inférieures : envergure = 5/6 *des supérieures*, mais même rofondeur. Ailes *décalées en arrière* ; un peu trapézoidales ; eux paires de mâts au-delà des moteurs, avec V renversé u-dessus des mâts externes.

vernail de direction : trapézoïdal, avec plan fixe triangu-aire. — Gouvernail de profondeur : trapézoïdal.

Longueur de l'avion égale aux 2/3 de l'envergure.

Deux paires de roues, en ligne, et une roue à l'avant.

Deux hélices à l'avant.

Deux moteurs fixes Hispano-Suiza.

Mitrailleuses à l'avant et à l'arrière, en tourelle.

29

C A U D R O N   R. 4

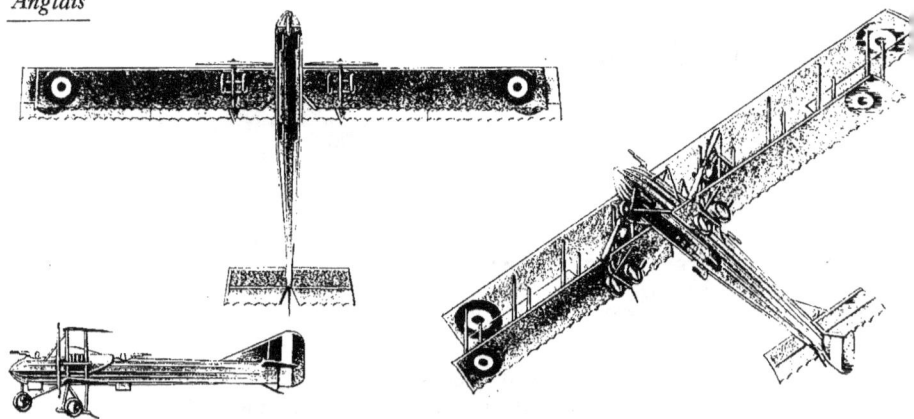

BIPLAN BI-MOTEUR à fuselage (arrondi, s'amincissant à l'arrière verticalement). — Triplace.

Ailes : envergure et profondeur inférieures *presque égales* aux supérieures ; trois paires de mâts au-delà des moteurs ; un peu trapézoïdales. Envergure double de la longueur de l'avion.
Gouvernail de direction : en forme de *trapèze*, précédé d'un triangle.

Gouvernail de profondeur : en forme de *trapèze échancré*.
Deux paires de roues, en ligne, et une roue à l'avant.
2 hélices à l'avant. — **Deux moteurs** fixes Renault ou M
Mitrailleuses à l'avant et à l'arrière, en tourelle.

CAUDRON G. 6

BIPLAN BI-MOTEUR à fuselage.

...me aspect que le *Caudron R.4*, mais avec dispositions d'ailes du *G.4.*

...les inférieures : envergure = 2/3 *de la supérieure ; profon-* deur moitié moindre, faisant paraître ces ailes minces et les supérieures décalées en arrière. Arcs-boutants.

Pas de roue en avant. — **Deux moteurs** *rotatifs* Rhône.

31

SALMSON-MOINEAU

França

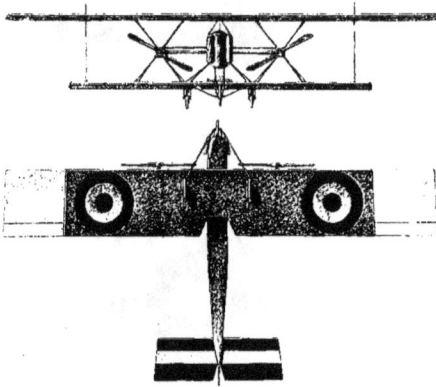

BIPLAN à fuselage (*surélevé* entre les ailes).

Ailes : envergure inférieure = 2/3 *de la supérieure ;* une paire de mâts de chaque côté, et deux paires *en* X *;* presque rectangulaires, anguleuses.

Gouvernail de direction : haut *rectangle (avec plan fixe trian-*gulaire), disposé en croix avec le gouvernail de profondeu qui est trapézoïdal

Trois roues, dont une à l'avant.

Un seul moteur (Salmson), commandant **deux hélices** latéral

32

CAPRONI R. E. P.

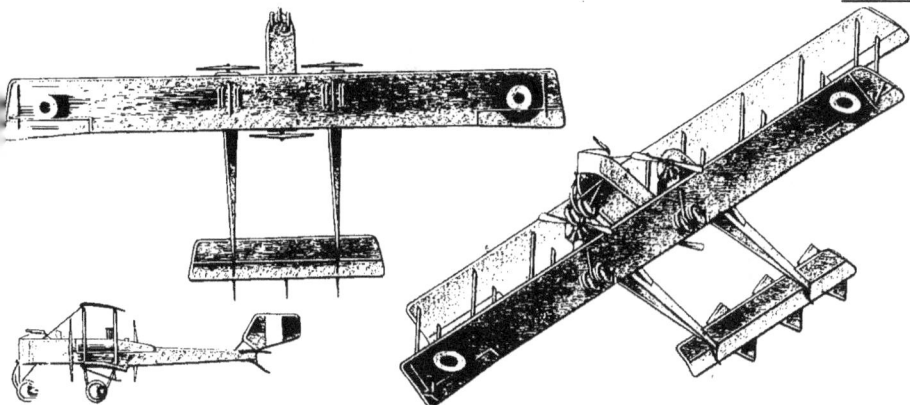

BIPLAN à deux fuselages et une nacelle (saillante).

Iles : *égales ;* un peu trapézoïdales, avec ailerons débordants.
Envergure double de la longueur de l'avion.
Trois paires de mâts au-delà des moteurs.
rois **gouvernails** de direction, pentagonaux, au-dessus du

gouvernail de profondeur, trapézoïdal.
Trois paires de roues, dont une à l'avant.
Deux hélices à l'avant **et une** à l'arrière.
Deux moteurs rotatifs Rhône **et un** fixe C.-U.

i. A un moteur.
a) *A ailes égales ou presque.*

F.E. 2b et 2d
(Farman Experimental)

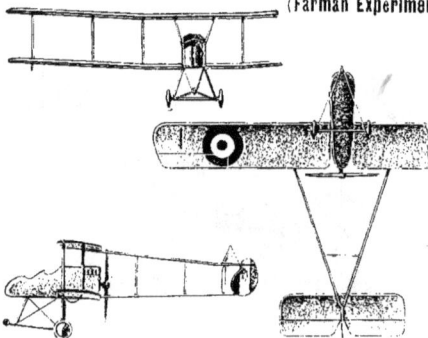

F.E. 8

Ang

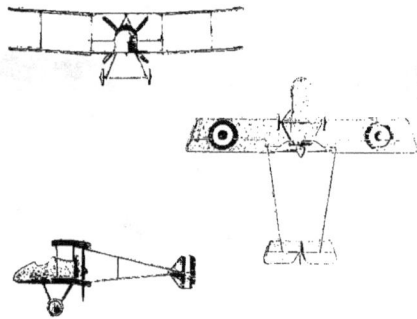

BIPLANS sans fuselage.

Ailes : *égales, en V (sauf sections centrales) ;*
trois paires de mâts de chaque côté ; *arrondies.*
Gouvernail de direction : *ovale* (« rognon »), sous le gouvernail
de profondeur, *surmonté d'un triangle.*
Gouvernail de profondeur (avec son plan fixe) : rectangulaire.
Poutres de réunion : rectangulaires (vues de côté) et se rejoignant.
Nacelle saillante.— Deux roues et parfois une *roulette* à l'avant.
Hélice à l'arrière. — **Moteur** fixe Beardmore ou Rolls Royce.

... deux paires de mâts ; *trapézoïdales.*
... *pentagonal* (y compris son plan fixe) ; croisé, à mi-hauteur
par le gouvernail de profondeur.
... trapézoïdal.
... triangulaires, et rapprochant à la queue, sans se rejoindre.
Deux roues.
Moteur rotatif Monosoupape.

34

De HAVILLAND 2   *Anglais*

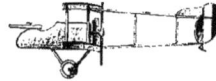

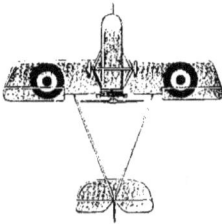

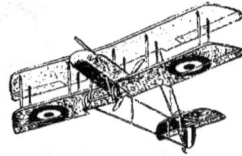

BIPLAN sans fuselage.

les : *égales ; en V ;* trapézoïdales ; deux paires de mâts de chaque côté.

uvernail de direction : demi-arrondi, précédé à sa partie supérieure, d'un plan fixe à l'aspect de *bec*

uvernail de profondeur, avec son plan fixe : trapézoïdal, à bord antérieur un peu courbe.

Poutres de réunion : rectangulaires (vues de côté) et se rejoignant à la queue.

Deux roues

Hélice à l'arrière.

Moteur rotatif Monosoupape.

35

Type ancien
L. A. S.

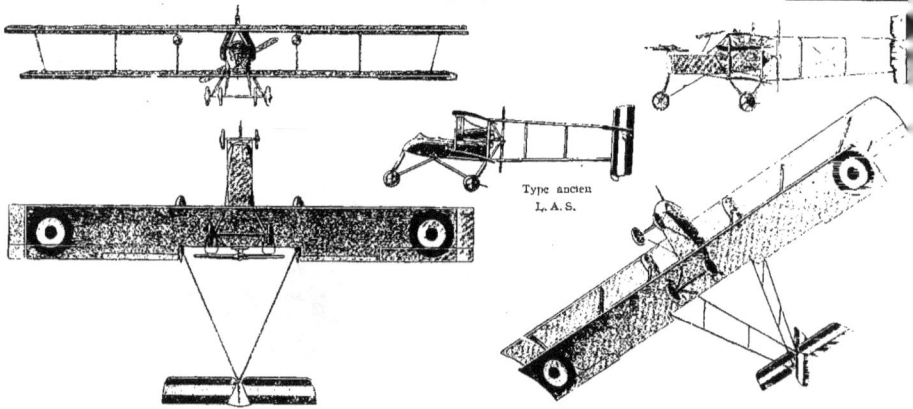

BIPLANS sans fuselage.

Ailes : presque égales ; trois paires de mâts (dont une inclinée) et *un réservoir, de chaque côté;* rectangulaires, avec *ailerons inférieurs débordants ;* peu écartées en hauteur ; non décalées.

Gouvernails disposés *en croix,* et rectangulaires.

Poutres de réunion rectangulaires (vues de côté) et jointes en V (initiale de Voisin).

Nacelle très saillante, et sur les nouveaux types, surélev entre les deux plans. — Quatre roues, dont *deux à l'avan*

Hélice à l'arrière.

Moteur fixe Peugeot, Renault ou Salmson, système Canto Unné (C.-U.).

Canon ou mitrailleuse.

36

BRÉGUET

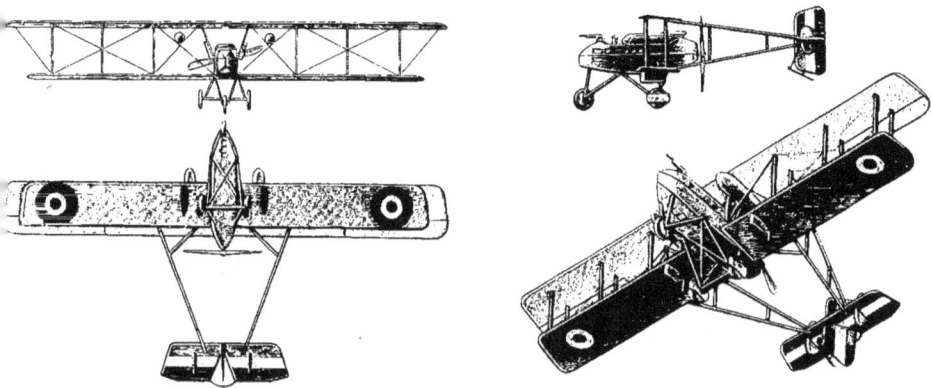

BIPLANS sans fuselage.

Ailes : envergure et profondeur inférieures *presque égales* aux supérieures ; *trois paires de mâts et un réservoir, de chaque côté* ; un peu en V ; légèrement trapézoïdales.

Gouvernails : disposés en croix, à branches trapues ; un plan de dérive, de forme ovale, à droite et un à gauche.

Poutres de réunion : triangulaires (vues de côté) et se rapprochant à la queue, sans se rejoindre.

Nacelle très saillante. — Trois roues, dont *une à l'avant.*

Hélice à l'arrière. — **Moteur** fixe Renault (ou C.-U.). Canon ou mitrailleuse.

37

FARMAN Frères F. 40

I. A un moteur (suite).
b) A ailes très inégales.

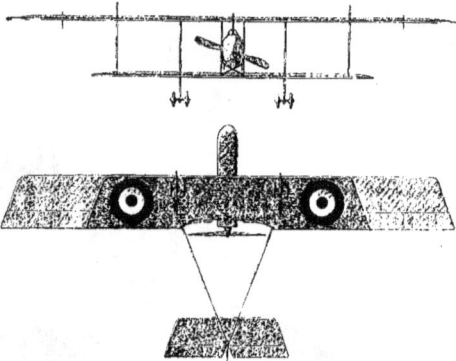

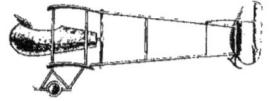

BIPLANS sans fuselage.

Ailes : envergure inférieure égale aux 2/3 de la supérieure ; écartées ; trapézoïdales ; deux paires de mâts de chaque côté.

Gouvernails : disposés en T ; *un ovale* (« haricot ») en grande partie au-dessous et en arrière d'un trapèze.

Poutres de réunion : rectangulaires (vues de côté) et jointes en V.

Nacelle saillante et entre les ailes.

Deux paires de roues, en ligne, éloignées.

Hélice à l'arrière. — **Moteur** fixe Renault, ou Lorraine-Dietrich.

38

CAUDRON G. 4

Français, anglais
et italien

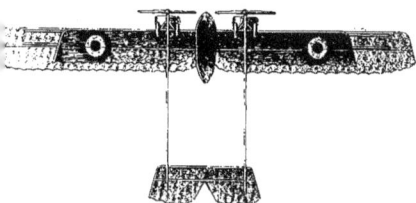

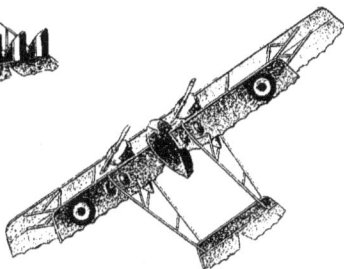

BIPLAN sans fuselage.

les : envergure inférieure = 3/4 de la supérieure; peu écartées; un peu trapézoïdales; les inférieures moins profondes; deux paires de mâts et *arcs-boutants*, de chaque côté.
ouvernails : *quatre triangles, sur un trapèze échancré*

Poutres de réunion : presque triangulaires, parallèles.
Trois nacelles peu saillantes. Deux paires de roues, en ligne
Deux moteurs rotatifs Rhône.
Deux hélices à *l'avant.*

39

MORANE-SAULNIER

Français, angl...

Parasol

Monocoques 11 et 13 mq.

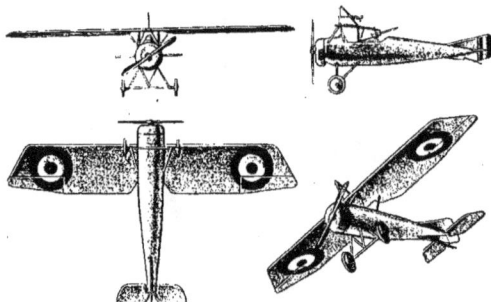

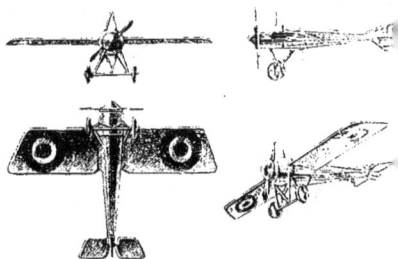

MONOPLANS. — Ailes : trapézoïdales (sur le Parasol : fixées au-dessus du fuselage, et avec ailerons en pans coupés).

Gouvernail de direction, avec son plan fixe : d'aspect *triangulaire.*
Gouvernail de profondeur : en forme de trapèze échancré.

Fuselage arrondi, s'amincissant horizontalement à la queue.

Deux roues ; châssis d'atterrissage en M (initiale de Morane).

Hélice à l'avant, avec ou sans casserole.

Moteur rotatif Rhône

MONOCOQUE 15 mq. *à haubannage inférieur rigide,* s... haubannage supérieur. (*Gouvernes situées en avant* l'extrémité du fuselage, qui se prolonge en pointe)

Ne pas confondre le Monocoque avec le Monoplan Fokk...

40

FOKKER Monoplan

(Fronts orientaux)

Allemand

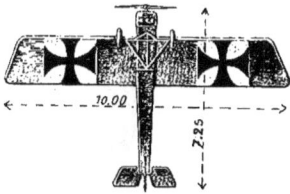

MONOPLAN à fuselage (s'amincissant horizontalement à l'arrière). — Copie du *Morane*, sauf le gouvernail de direction.

ô : en *trapèze*.

vernail de direction offrant l'aspect d'une *virgule*, et situé au-dessus du gouvernail de profondeur qui est en forme de *apèze échancré*.

Deux roues ; châssis d'atterrissage en M.

Moteur rotatif Oberursel 80 ou 100 HP.

Ne pas confondre *les Morane avec les Fokker.*

S O P W I T H Tʀɪᴘʟᴀɴ

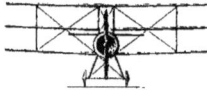

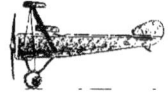

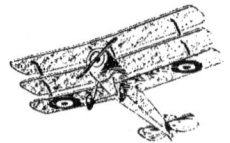

TRIPLAN à fuselage (entre les ailes inférieures).

Ailes : égales, *en V*, décalées ; trapézoïdales arrondies (*grande base à l'avant*) ; un seul mât de chaque côté.

Gouvernail de direction : offrant avec son plan fixe de dérive, un aspect *ovale*.

Gouvernail de profondeur : trapézoïdal arrondi (grande b à l'avant).

Deux roues.

Hélice à l'avant. — **Moteur** rotatif Clerget.

42

artie : BIPLANS A FUSELAGE
A un moteur.
A envergures égales.
Supplément

De HAVILLAND 4 *Anglais*

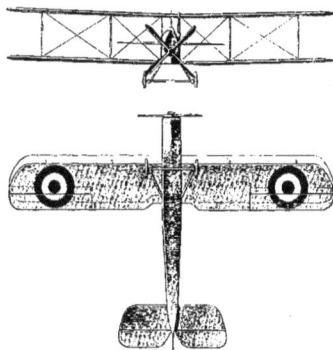

BIPLAN à fuselage.

iles : égales ; à deux paires de mâts de chaque côté ; en V ; décalées ; extrémités arrondies.

ouvernail de direction : compensé et avec plan de dérive

(analogue au nouveau monoplace *Roland*). — Gouvernail de profondeur : trapézoïdal arrondi.

T. A. : 2 roues. — **Moteur** fixe.

43

TABLE DES MATIÈRES

	Pages
Éléments de l'aéroplane	1
Fonctionnement de l'aéroplane	2
Moyens de reconnaître les aéroplanes. Classement	3
Caractères à observer	4
Caractères communs des avions allemands	5

AÉROPLANES FRANÇAIS

A. R. ou A. L. D.	18
Bréguet AV, à fuselage (BR.)	20
Bréguet-canon, sans fuselage	37
Caproni Robert-Esnault-Pelterie (ou C. E. P.)	33
Caudron G. 4. (Gaston)	39
Caudron G. 6.	31
Caudron R. 4. (René)	30
Farman Frères (F. 40 et n°ˢ suivants)	38
Maurice Farman (M. F.)	1
Letord (bimoteur)	29
Morane-Saulnier (M. S.) parasol et monocoques	40
Morane-Saulnier bimoteur type T	28
Nieuport à moteur Clerget ou Rhône, et N. à m' Hispano	14
Salmson-Moineau (S. M.)	32
Paul Schmitt (P. S.)	24
Sopwith biplace (So.)	10
Spad monoplace (S.)	6
Spad biplace	12
Voisin (V.)	36

AÉROPLANES ANGLAIS

	Page
Armstrong-Witworth	2
B. E. 2c et 2d et B. E. 12 (de la Royal Aircraft Factory)	2
B. E. 2e	2
Bristol et F. 2a	2
F. E. 2b et 2d et F E. 8 (de la R. A. F.)	3
De Havilland (De H. 2 et 4)	35 et 4
Martinsyde	
Morane-Saulnier biplan	
R. E. 7. (de la R. A. F.)	2
R. E. 8	2
Sopwith de reconnaissance et S. de chasse	4
Sopwith triplan	4
Vickers scout ou de reconnaissance	28

Franco-anglais : Caudron G. 4. et R. 4 ; F. 40 : Morane-Saulnier parasol et monocoques ; Nieuport monoplace et biplace à moteur rotatif ; Spad monoplace.

AÉROPLANES ALLEMANDS

A. E. G. (Société générale d'Électricité)	12
Ago (Société par actions Otto)	13
Albatros de chasse D. 1 et Albatros B. F. W. à tous usages	15
Albatros de chasse D. III	1
Albatros à tous usages (C. III)	16
Aviatik (Société d'automobilisme et d'aviation)	
Fokker (biplan)	
Fokker (monoplan)	4
Halberstadt (Société d Halberstadt, à Halberstadt)	
L. V. G. (Société de relations aériennes)	2
Roland	1
Rumpler	19

www.ingramcontent.com/pod-product-compliance
Lightning Source LLC
Chambersburg PA
CBHW071420200326
41520CB00014B/3511